오뜨리꼬의

데일리 손뜨개 가방

오뜨리꼬의

데일리 손뜨개 가방

오태윤 지음

팜파스

Prologue

'행복한 시간'

가방을 만들며 '행복'이라는 단어를 가장 많이 떠올렸습니다.

이 책에는 데일리 가방 만들기뿐만 아니라 행복했던 시간을 함께 만날 수 있습니다.

앞으로 더 많이 사랑하게 될 가족을 만났고, 그만큼 더 행복한 시간을 갖게 되었습니다.

제가 느꼈던 행복이 가방에 깃들었기를 바라며,

가방을 디자인하고 만들면서 제가 느꼈던 행복한 시간을

여러분과 함께 즐길 수 있었으면 합니다.

내 가방을 직접 만들며 나만의 스타일을 완성해가는

소소한 행복을 선사합니다.

Content

오뜨리꼬의 감성 손뜨개 가방 만들기

태블릿 PC 파우치

/ 078 /

젤리 쇼퍼백

/ 082 /

스트라이프 파우치

/ 086 /

리프 반달백

/ 090 /

미니 네트 크로스백

/ 094 /

네온 포인트 크로스백과 토트백

/ 098 /

머스터드 네트백

/ 102 /

카키 네트백

/ 106 /

BASIC

준비하는 시간

도구와 재료

1 **코바늘** 일반적으로 많이 쓰는 코바늘을 모사용 코바늘이라고 합니다. 모사용 코바늘의 사이즈는 호수 (2~10호)로 표기되며, 숫자가 클수록 큰 사이즈의 바늘입니다. 그보다 두꺼운 왕코바늘은 mm로 사이즈가 표기됩니다(예: 모사용 10호＝6mm).

2 **돗바늘** 돗바늘 사이즈는 소, 중, 대로 구분되며 모사용 코바늘 2~3호용 두께의 실은 소 사이즈, 4~6호용 실은 중 사이즈, 7호 이상은 대 사이즈를 사용하면 편리합니다.

3 **가위**

4 **단수 표시링** 편물의 원하는 위치에 끼워두면 콧수나

단수를 세기에 용이한 도구입니다.

5 **오픈형 오링** 한쪽이 오픈되는 오링으로 가방끈을 탈부착하기에 편리합니다.

6 **와펜** 편물 위에 와펜을 올리고 뒤집어서 뒷면에서 다림질하면 간단하게 부착할 수 있습니다.

7 **샤무드 태슬**

8 **가죽끈**

9 **육각 바네 프레임**

10 **지퍼**

11 **가방 바닥** 바닥 가장자리의 타공을 한 코로 잡고, 둘레를 따라 짧은뜨기를 뜬 뒤 가방의 옆면을 이어 뜹니다.

이 책에 사용한 실

1 **마실** 모사용 8호 사용

2 **소프트헤이얀** 모사용 7호 사용

3 **어반 코튼** 모사용 6호 사용

4 **에코안다리아** 모사용 6호 사용

5 **도톰 면사** 모사용 7호 사용

6 **클리어 코튼** 모사용 4호 사용

7 **네온 코튼** 모사용 3호 사용

8 **헤레나** 모사용 3호 사용

9 **스피닝얀** 모사용 6호 사용

10 **리본얀** 모사용 8호 사용

11 **뜨리꼬얀** 모사용 5호 사용

코바늘 뜨기 기초 설명

실 잡는 법

*1_* 왼쪽 손을 기준으로 검지에 실끝이 앞쪽으로 오도록 걸어준 다음, 중지와 약지를 거쳐 새끼손가락 뒤쪽으로 실을 넘겨줍니다.

*2_* 달걀 하나를 쥔 듯이 주먹을 쥐어준 상태에서 엄지와 중지로 실을 잡습니다. 이때 약지와 새끼손가락으로 실을 살짝 쥐어줍니다.

*3_* 사진과 같이 코바늘을 실에 걸고 돌려줍니다.

*4_* 바늘에 실을 걸어 엄지와 중지로 쥐고 있는 원을 통해 빼면 사슬뜨기 한 코가 완성됩니다

코바늘 쥐는 법

코바늘의 1/3 지점을 엄지와 검지로 잡고, 중지는 코바늘을 살짝 받쳐줍니다. 이때 나머지 손가락은 살짝 구부려 주먹을 쥐어줍니다.

원형뜨기로 시작하기

- 실로 동그란 원형을 만든 뒤, 원 안에 바늘을 넣습니다.
- 실을 걸어 원 밖으로 빼줍니다.
- 사슬뜨기 한 코를 떠줍니다(이 사슬코는 기둥코가 됩니다).
- 바늘을 다시 원 안으로 넣고 실을 걸어 빼줍니다.
- 짧은뜨기를 합니다.
- 맨 처음 만들었던 기둥코에 빼뜨기를 해줍니다(짧은뜨기로 원형뜨기를 시작할 경우 기둥코가 잘 보이지 않는 경우가 많으므로 첫 번째 코에 빼뜨기하고 2단은 빼뜨기한 첫 번째 코에 또 다시 코를 뜨며 시작하기도 합니다).

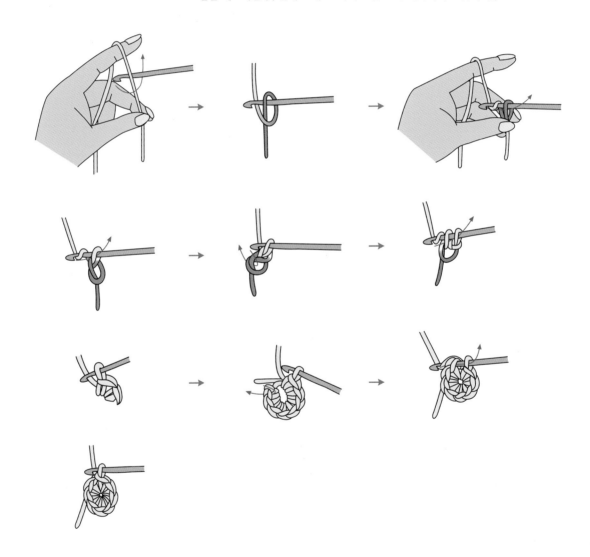

원형뜨기(사슬뜨기)로 시작하기

- 사슬뜨기 5코를 만들고, 토대코에 바늘을 넣어 빼뜨기를 해줍니다.
- 사슬뜨기 3코를 떠서 한길긴뜨기의 기둥코를 만들어줍니다(긴뜨기를 할 때에는 기둥코 2코).
- 사슬 5코로 만든 원 안에 바늘을 넣어 한길긴뜨기를 해줍니다.
- 한길긴뜨기가 완료되면 기둥코의 마지막 코에 바늘을 넣어 빼뜨기를 해줍니다.

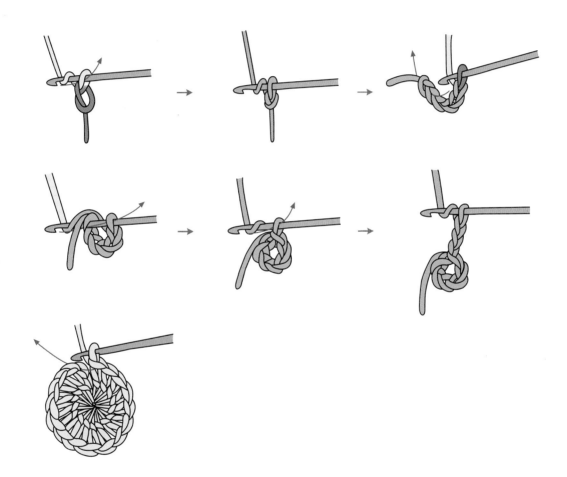

실 컬러 바꾸는 법

한길긴뜨기의 경우 마지막 단계 전에서 멈춘 뒤 다른 컬러의 실을 걸어 빼줍니다(짧은뜨기, 긴뜨기, 두길긴뜨기의 경우도 동일하게 마지막 단계 전에서 다른 컬러의 실을 빼줍니다). 바뀐 컬러의 실로 계속 떠줍니다.

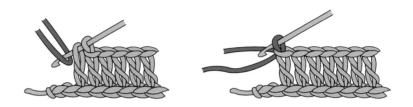

다른 단끼리 잇기

코바늘로 잇기

• 따로 만든 작업물을 이을 때 2개 편물의 각각 1코에 코바늘을 한꺼번에 넣고 빼뜨기를 해줍니다(이때 짧은뜨기로 잇기도 가능합니다).

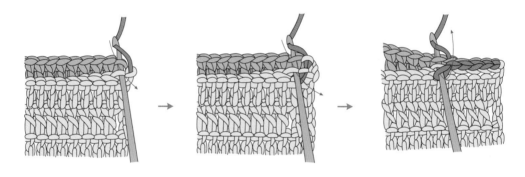

돗바늘로 잇기

• 따로 만든 작업물을 이을 때 2개의 코에 돗바늘을 넣고 감침질하듯이 꿰메어 이어줍니다.

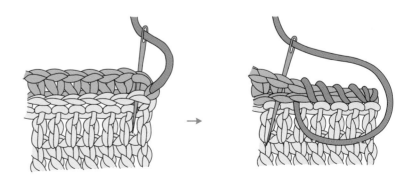

04

뜨기 기호와 뜨는 법

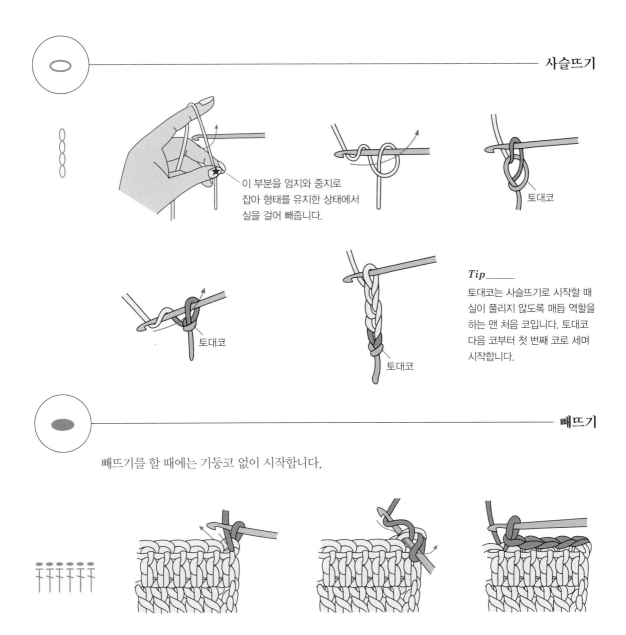

○ ──────────────────────────── 사슬뜨기

이 부분을 엄지와 중지로
잡아 형태를 유지한 상태에서
실을 걸어 빼줍니다.

토대코

토대코

토대코

Tip_____
토대코는 사슬뜨기로 시작할 때
실이 풀리지 않도록 매듭 역할을
하는 맨 처음 코입니다. 토대코
다음 코부터 첫 번째 코로 세며
시작합니다.

● ──────────────────────────── 빼뜨기

빼뜨기를 할 때에는 기둥코 없이 시작합니다.

기둥코 다음 코부터 짧은뜨기를 시작합니다.

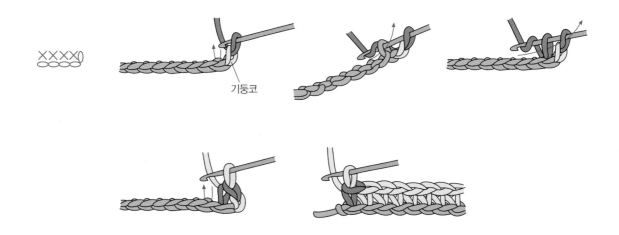

기둥코

T ─────────────────────────────── 긴뜨기

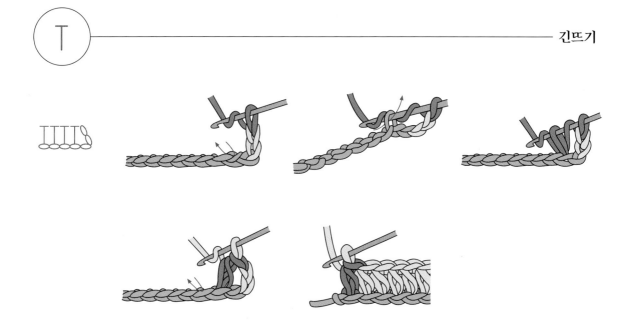

한길긴뜨기

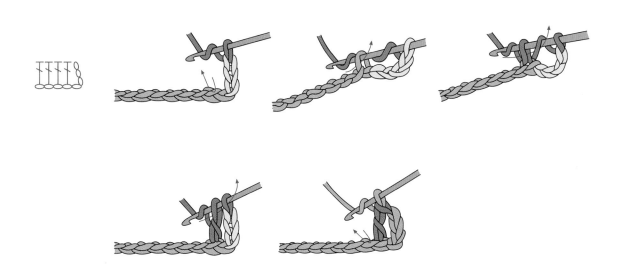

두길긴뜨기

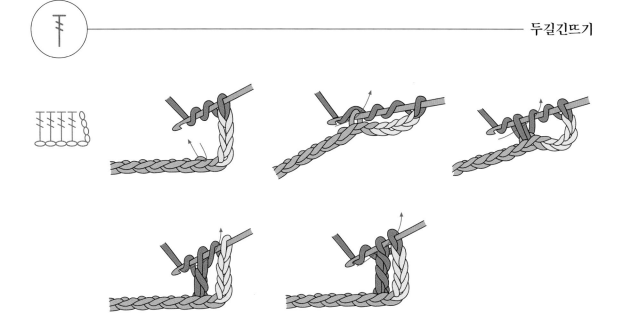

——————————————————————————————— 세길긴뜨기

 ——————————————————————————————— 짧은뜨기 이랑뜨기

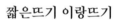

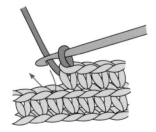

━━━━━━━━━━━━━━━━━━━━ **짧은뜨기 2코 모아뜨기**

- 짧은뜨기 첫 번째 단계(실을 걸어 뺀 상태)에서 멈춘 뒤, 다음 코에 바늘을 넣어 실을 빼줍니다.
- 바늘에 걸린 실이 3코가 되면 실을 걸어 3코를 한꺼번에 뺍니다.

━━━━━━━━━━━━━━━━━━━━ **한 코에 짧은뜨기 2개**

한 코에 사슬뜨기 2코를 떠줍니다.

*Tip*_____
Ⓦ 한 코에 짧은뜨기 3개

━━━━━━━━━━━━━━━━━━━━ **한 코에 한길긴뜨기 2개**

- 한 코에 한길긴뜨기 2코를 뜹니다.
- 한 코에 한길긴뜨기 3코, 4코도 같은 방식으로 떠줍니다.
- 한 코에 긴뜨기 2코, 3코, 4코도 같은 방식으로 떠줍니다.

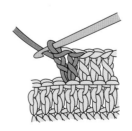

*Tip*_____
Ⅴ 한 코에 한길긴뜨기 2개

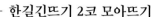
한길긴뜨기 2코 모아뜨기

- 한길긴뜨기의 마지막 단계 전에서 멈춘 뒤, 바늘에 실을 걸고 다음 코에 바늘을 넣어 실을 빼줍니다.
- 바늘에 걸린 실이 3코가 되면 실을 걸어 3코를 한꺼번에 빼줍니다.

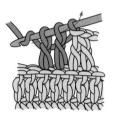

*Tip*_____

 긴뜨기 2코 모아뜨기

사슬 3코 피코뜨기

- 사슬 3코를 뜬 후, 화살표 위치에 바늘을 넣어줍니다.
- 바늘에 실을 걸고 한꺼번에 빼줍니다.
- 피코뜨기 4코, 5코도 방식은 동일하되 사슬뜨기 콧수를 늘여주면 됩니다.

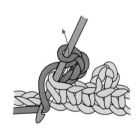

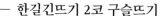

한길긴뜨기 2코 구슬뜨기

- 한길긴뜨기를 뜨는 마지막 단계 전에서 멈춘 뒤, 바늘에 실을 걸고 같은 코에 바늘을 넣어 실을 빼줍니다. 같은 코에 다시 한길긴뜨기를 한 코 더 뜹니다. 이때도 한길긴뜨기의 마지막 단계 전까지만 뜹니다.
- 바늘에 걸린 실이 3코가 되면 실을 걸어 3코를 한꺼번에 빼줍니다.

*Tip*_____
한길긴뜨기 2코 모아뜨기(ᐱ)와 뜨는 방식은 같으나, 차이점은 구슬뜨기는 동일한 코에 한길긴뜨기를 2개 뜨고 모아뜨기는 각각 다른 코에 뜬다는 점입니다.

한길긴뜨기 3코 구슬뜨기

- 한길긴뜨기 2코 구슬뜨기와 같은 방법으로 뜨되, 한 코에 한길긴뜨기를 3개 하여 실에 걸린 코가 4코가 되었을 때 실을 걸어 4코를 한꺼번에 빼줍니다.

- 한 코에 한길긴뜨기 4코를 떠줍니다.

- 바늘을 빼서 첫 번째 한길긴뜨기 코에 넣습니다.

- 4번째 한길긴뜨기 코에 바늘을 넣고, 실을 걸어 빼줍니다.

- 사슬 1코를 떠줍니다.

- 바늘에 실을 감고 아랫단의 기둥에 앞 → 뒤 → 앞의 방향으로 바늘을 넣어줍니다.
- 실을 걸어 빼줍니다.
- 한길긴뜨기 뜨듯이 떠줍니다.

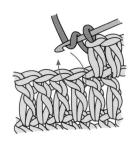
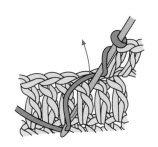
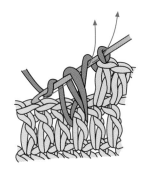

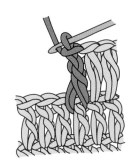

- 바늘에 실을 감고 아랫단의 기둥에 뒤 → 앞 → 뒤의 방향으로 바늘을 넣어줍니다.

- 실을 걸어 빼줍니다.

- 한길긴뜨기 뜨듯이 떠줍니다.

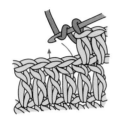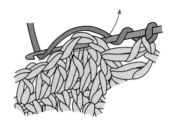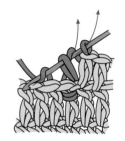

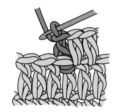

가방 만들기 Tip

가방끈 만드는 법(새우뜨기)

*1_* 사슬 1코를 만들고 실 끝을 잡아당겨 사진과 같이 매듭으로 만듭니다.

*2_* 사슬 2코를 뜬 다음 첫 번째 사슬코에 바늘을 넣습니다.

*3_* 실을 걸어 빼온 뒤 바늘에 실 2가닥이 걸리게 되면 짧은뜨기 뜨듯이 다시 실을 걸어 빼냅니다.

*4_* 편물을 왼쪽 방향으로 돌립니다.

5_ 파란색 표시된 부분의 코에 화살표 방향대로 바늘을 넣고

6_ 그대로 실을 걸어 바늘에 걸린 실 2가닥을 통과합니다.

7_ 다시 편물을 왼쪽 방향으로 돌립니다.

8_ 파란색 표시된 코에 바늘을 넣고

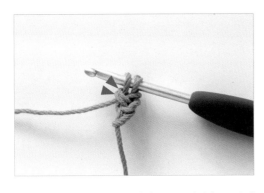

9_ 실을 걸어 파란색 표시된 코 두 가닥을 통과해 빼온 뒤(앞으로도 계속 이 부분의 실 두가닥은 실 한 가닥으로 간주합니다.)

10_ 짧은뜨기를 합니다.

11_ 7~10번을 반복하여 뜨면서 원하는 길이만큼 만듭니다.

12_ 완성된 편물의 모습입니다.

가방 바닥에 짧은뜨기 뜨는 법

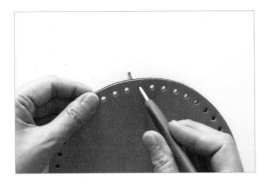

*1_* 가방 바닥의 타공에 코바늘을 넣습니다.

*2_* 실을 걸어 빼내옵니다.

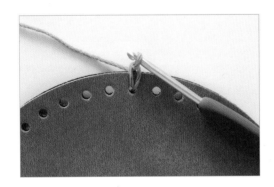

*3_* 사슬뜨기 1코를 뜹니다(기둥코).

*4_* 같은 사리의 타공에 나시 바늘을 넣어 실을 걸어와 짧은뜨기를 떠줍니다.

5_ 동일한 방법으로 도안을 따라 타공에 짧은뜨기를 떠줍니다.

지퍼 연결하는 방법

1_ 지퍼, 일반 바느질용 실과 바늘을 준비합니다(지퍼는 편물보다 약간 큰 사이즈로 준비합니다). 편물은 뒤집어 안쪽 면이 보이도록 합니다.

2_ 편물 맨 위쪽에서 0.5cm 정도 아랫쪽에 지퍼를 연 상태로 지퍼의 한쪽을 가로로 두고 핀이나 여분의 바늘로 고정합니다(이때 지퍼는 안쪽 면이 보이도록 합니다).

지퍼의 바깥 면　　　　지퍼의 안쪽 면

3_ 편물의 끝에서 1cm 정도 떨어진 곳에서부터 바느질을 시작합니다.

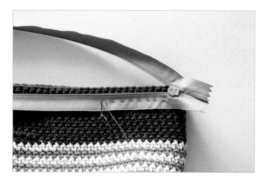

4_ 바늘이 편물 밖으로 나가지 않도록 유의하면서 홈질 또는 박음질로 지퍼를 부착합니다.

5_ 반대쪽 끝도 1cm 정도 남았을 때 매듭지어 마무리합니다. 맞은편도 동일한 방법으로 바느질합니다.

6_ 편물을 뒤집고, 지퍼의 양쪽 끝은 편물 안쪽으로 넣어 정리합니다.

Work

오뜨리꼬의
감성 손뜨개 가방
만들기

반달 크로스백

messenger bag

반달 크로스백 뜨는 방법

사용한 실 소프트 헤이얀 | **사용한 코바늘** 모사용 7호

사이즈 24×18cm

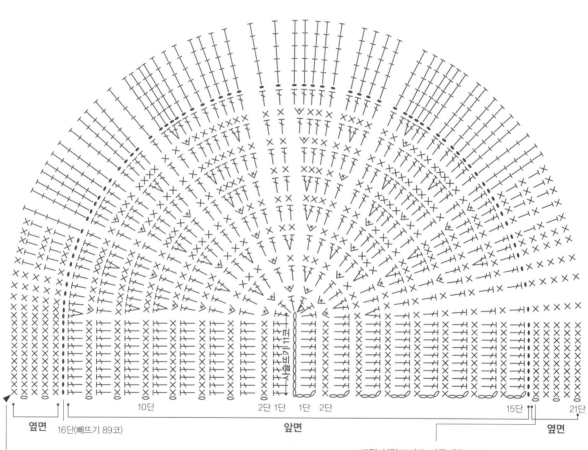

| 옆면 | 16단(빼뜨기 89코) | 10단 | 2단 1단 | 1단 2단 | 15단 | 옆면 | 21단 |

앞면

실을 150cm 남기고 자릅니다(뒷면과 연결할 때 사용).

17단 이랑뜨기로 떠주세요(89코).
= 짧은뜨기 20코＋긴뜨기 49코＋짧은뜨기 20코
18단(89코)=짧은뜨기 15코＋긴뜨기 59코＋짧은뜨기 15코
19단(89코)=짧은뜨기 20코＋긴뜨기 49코＋짧은뜨기 20코
20단(89코)=짧은뜨기 15코＋긴뜨기 59코＋짧은뜨기 15코
21단(89코)=짧은뜨기 20코＋긴뜨기 49코＋짧은뜨기 20코

앞면과 연결하는 부분

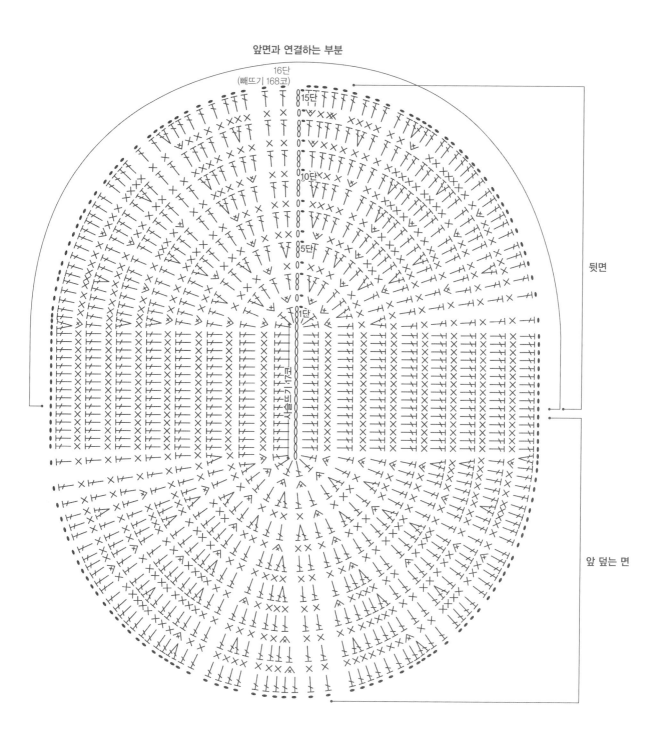

뒷면

앞 덮는 면

서로 다른 미디엄 토트백

tote bag

서로 다른 미디엄 토트백

사용한 실 스피닝얀 | **사용한 코바늘** 모사용 6호

사이즈 25×18×11cm

손잡이 뜨는 방법

손잡이

사슬 40코

17코   23코   17코

뜨는 사람에 따라 32단의 시작코의 위치가
다를 수 있으므로 그림과 같이 가방의
손잡이 위치가 되도록 계산하여 조절해서
만들어주세요.

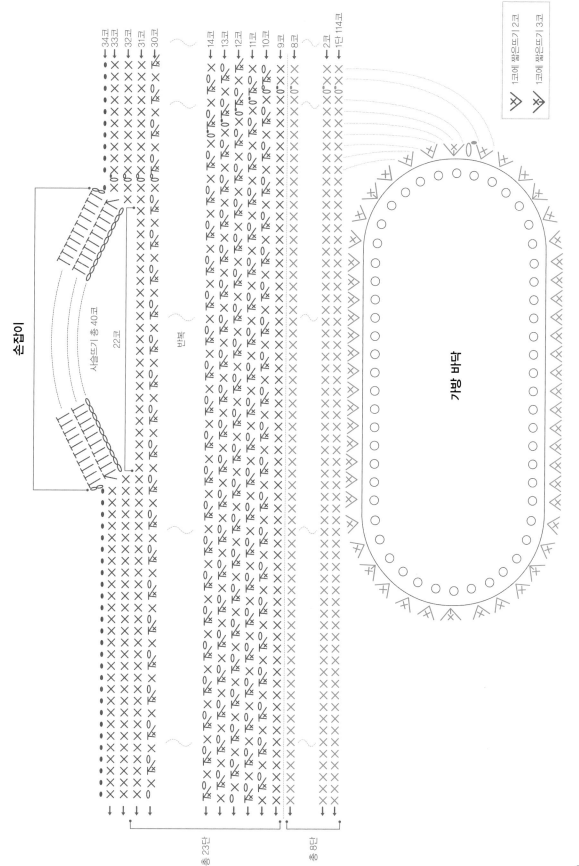

손잡이

사슬뜨기 총 40코

22코

옆면

34코
33코
32코
31코
30코

14코
13코
12코
11코
10코
9코
8코

2코
1단 114코

옆 23단

옆 8단

가방 바닥

1코에 짧은뜨기 2코

1코에 짧은뜨기 3코

가죽 끈 스트랩 원통백

strap cylindrical bag

가죽 끈 스트랩 원통백 뜨는 방법

사용한 실 스피닝얀 | **사용한 코바늘** 모사용 6호

사이즈 18×21cm(가방 끈 제외)

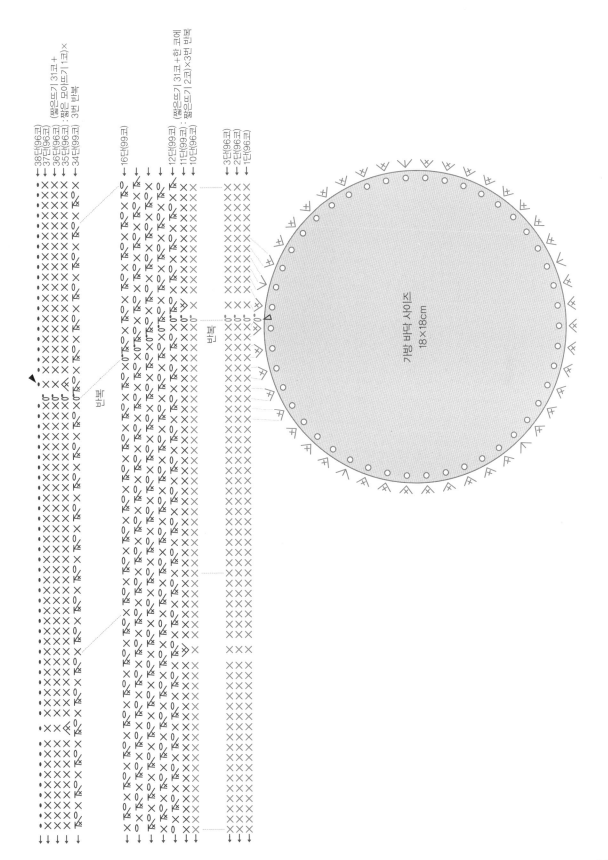

가방 바닥 사이즈
18×18cm

38단(96코)
37단(96코)
36단(96코)
35단(96코)
34단(99코)

(짧은뜨기 31코 +
짧은 모아뜨기 1코)×
3번 반복

16단(99코)

12단(99코)
11단(99코)
10단(96코)

(짧은뜨기 31코 + 한 코에
짧은뜨기 2코)×3번 반복

3단(96코)
2단(96코)
1단(96코)

반복

반복

네트 에코백

net eco bag

네트 에코백 뜨는 방법

사용한 실 클리어 코튼 | **사용한 코바늘** 모사용 4호

사이즈 30×33cm(가방 끈 제외)

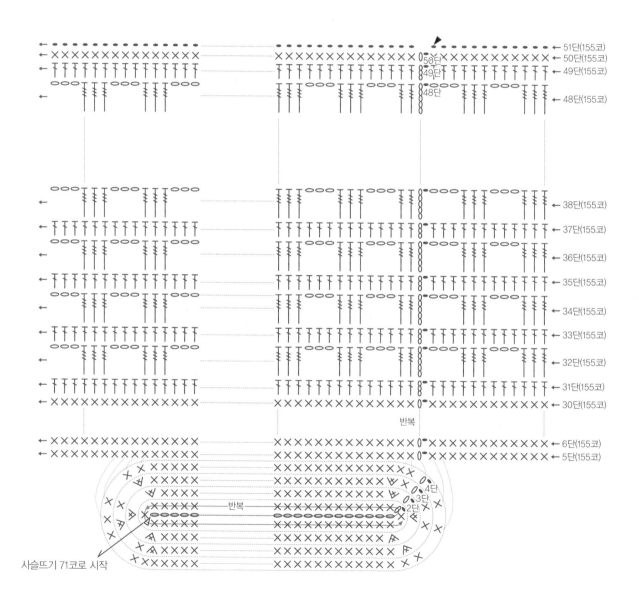

← 51단(155코)
← 50단(155코)
← 49단(155코)
← 48단(155코)

← 38단(155코)
← 37단(155코)
← 36단(155코)
← 35단(155코)
← 34단(155코)
← 33단(155코)
← 32단(155코)
← 31단(155코)
← 30단(155코)

반복

← 6단(155코)
← 5단(155코)

반복

4단
3단
2단

사슬뜨기 71코로 시작

가방 보디

052

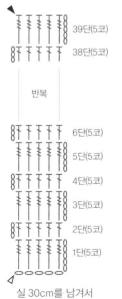

실 30cm를 남겨서
가방에 연결할 때 사용한다.

39단(5코)
38단(5코)

반복

6단(5코)
5단(5코)
4단(5코)
3단(5코)
2단(5코)
1단(5코)

실 30cm를 남겨서
가방에 연결할 때 사용한다.

가방 끈

*Tip*_____
가방끈 연결은 51단의
(21~26, 60~64) (99~104, 38~42)번째 코에
돗바늘로 연결해주세요.

라탄 원형 숄더백

s h o u l d e r   b a g

라탄 원형 숄더백 뜨는 방법

사용한 실 소프트 헤이얀 | **사용한 코바늘** 모사용 7호, 모사용 9호(가방 끈 제작용)

사이즈 30×30cm(옆면, 가방 끈 제외)

가방 앞, 뒷면(모사용 7호)

Tip_____

가방 앞면은 1~32단까지, 뒷면은 1~24단까지 뜹니다.
가방 앞면의 25~32단은 옆면이 됩니다.

1단	12코 = 한길긴뜨기 × 12코
2단	24코 = (한 코에 짧은뜨기 2코) × 12번 반복
3단	30코 = (한길긴뜨기 3코 + 한 코에 한길긴뜨기 2코) × 6번 반복
4단	36코 = 짧은뜨기 1코 + 한 코에 짧은뜨기 2코 + [(짧은뜨기 4코 + 한 코에 짧은뜨기 2코) × 5번 반복] + 짧은뜨기 3코
5단	48코 = 한 코에 한길긴뜨기 2코 + [(한길긴뜨기 2코 + 한 코에 한길긴뜨기 2코) × 11번 반복] + 한길긴뜨기 2코
6단	60코 = (짧은뜨기 3코 + 한 코에 짧은뜨기 2코) × 12번 반복
7단	66코 = (한길긴뜨기 9코 + 한 코에 한길긴뜨기 2코) × 6번 반복
8단	72코 = 짧은뜨기 4코 + 한 코에 짧은뜨기 2코 + [(짧은뜨기 10코 + 한 코에 짧은뜨기 2코) × 5번 반복] + 짧은뜨기 6코
9단	84코 = (한길긴뜨기 5코 + 한 코에 한길긴뜨기 2코) × 12번 반복
10단	96코 = 짧은뜨기 2코 + 한 코에 짧은뜨기 2코 + [(짧은뜨기 6코 + 한 코에 짧은뜨기 2코) × 11번 반복] + 짧은뜨기 4코
11단	102코 = (한길긴뜨기 15코 + 한 코에 한길긴뜨기 2코) × 6번 반복
12단	108코 = 짧은뜨기 7코 + 한 코에 짧은뜨기 2코 + [(짧은뜨기 16코 + 한 코에 짧은뜨기 2코) × 5번 반복] + 짧은뜨기 9코
13단	120코 = 한길긴뜨기 3코 + 한 코에 한길긴뜨기 2코 + [(한길긴뜨기 8코 + 한 코에 한길긴뜨기 2코) × 11번 반복] + 한길긴뜨기 5코
14단	132코 = (짧은뜨기 9코 + 한 코에 짧은뜨기 2코) × 12번 반복
15단	138코 = (한길긴뜨기 21코 + 한 코에 한길긴뜨기 2코) × 6번 반복

16단	144코 = 짧은뜨기 10코 + 한 코에 짧은뜨기 2코 + [(짧은뜨기 22코 + 한 코에 짧은뜨기 2코) × 5번 반복] + 짧은뜨기 12코
17단	156코 = (한길긴뜨기 11코 + 한 코에 한길긴뜨기 2코) × 12번 반복
18단	168코 = 짧은뜨기 5코 + 한 코에 짧은뜨기 2코 + [(짧은뜨기 12코 + 한 코에 짧은뜨기 2코) × 11번 반복] + 짧은뜨기 7코
19단	174코 = (한길긴뜨기 27코 + 한 코에 한길긴뜨기 2코) × 6번 반복
20단	180코 = 짧은뜨기 13코 + 한 코에 짧은뜨기 2코 + [(짧은뜨기 28코 + 한 코에 짧은뜨기 2코) × 5번 반복] + 짧은뜨기 15코
21단	192코 = 한길긴뜨기 6코 + 한 코에 한길긴뜨기 2코 + [(한길긴뜨기 14코 + 한 코에 한길긴뜨기 2코) × 11번 반복] + 한길긴뜨기 8코
22단	204코 = (짧은뜨기 15코 + 한 코에 짧은뜨기 2코) × 12번 반복
23단	210코 = (한길긴뜨기 33코 + 한 코에 한길긴뜨기 2코) × 6번 반복
24단	216코 = 짧은뜨기 16코 + 한 코에 짧은뜨기 2코 + [(짧은뜨기 34코 + 한 코에 짧은뜨기 2코) × 5번 반복] + 짧은뜨기 18코

가방 옆면은 바로 이어서

25단	216코 = 빼뜨기 216코
26단	216코 = 사슬 2코(기둥코) + 한길긴뜨기(이랑뜨기) 120코 매단마다 평직물 뜨듯이 편물을 뒤집어 떠줍니다.
27단	216코 = 사슬 2코(기둥코) + 한길긴뜨기 120코
28단	216코 = 사슬 2코(기둥코) + 한길긴뜨기 120코
29단	216코 = 사슬 2코(기둥코) + 한길긴뜨기 120코
30단	216코 = 사슬 2코(기둥코) + 한길긴뜨기 120코
31단	216코 = 사슬 2코(기둥코) + 한길긴뜨기 120코
32단	216코 = 사슬 2코(기둥코) + 한길긴뜨기 120코

가방끈

모사용 9호 코바늘을 사용하여 2겹의 실로 새우뜨기를 합니다(길이 50cm).

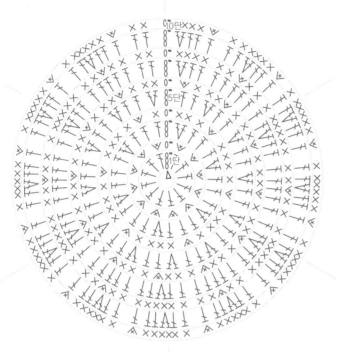

Tip____

가방 뒷면(1~24단)을 만들고, 가방 앞+옆면(1~32단)을 만듭니다. 가방 둘레의 3배 정도 되는 길이로 실을 자르고 돗바늘에 꿰어 옆면과 뒷면을 감침질하여 연결합니다.

장식용 체리

사용한 실 : 뜨리꼬얀

사용한 코바늘 : 모사용 5호

잎사귀

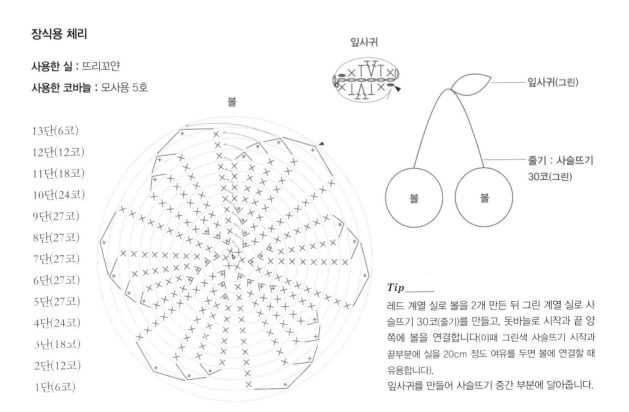

볼

13단(6코)
12단(12코)
11단(18코)
10단(24코)
9단(27코)
8단(27코)
7단(27코)
6단(27코)
5단(27코)
4단(24코)
3단(18코)
2단(12코)
1단(6코)

잎사귀(그린)

줄기 : 사슬뜨기
30코(그린)

볼

볼

Tip____

레드 계열 실로 볼을 2개 만든 뒤 그린 계열 실로 사슬뜨기 30코(줄기)를 만들고, 돗바늘로 시작과 끝 양쪽에 볼을 연결합니다(이때 그린색 사슬뜨기 시작과 끝부분에 실을 20cm 정도 여유를 두면 볼에 연결할 때 유용합니다).

잎사귀를 만들어 사슬뜨기 중간 부분에 달아줍니다.

정사각 토트백

tote bag

정사각 토트백_미디엄 뜨는 방법

사용한 실 스피닝얀 | **사용한 코바늘** 모사용 6호

사이즈 27×22×13cm

*Tip*_____

1단〜46단=앞면 / 47단〜70단=아랫면 /
71단〜116단=뒷면이 됩니다.

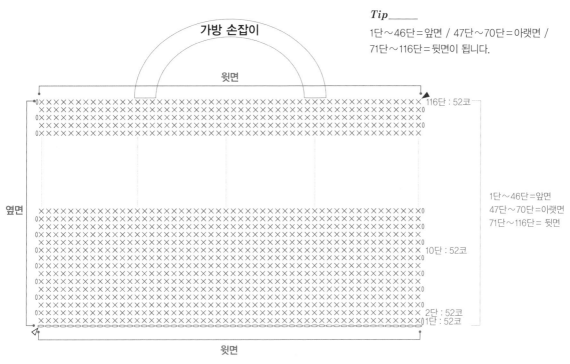

가방 손잡이

윗면

116단 : 52코

1단〜46단=앞면
47단〜70단=아랫면
71단〜116단=뒷면

10단 : 52코

2단 : 52코
1단 : 52코

옆면

윗면

가방 앞면, 아랫면, 뒷면

24단까지 뜬 뒤 실을 자르지 않고 바로 이어서
앞면과 옆면 편물을 같이 잡아 짧은뜨기로 둘레를
떠주면서 연결합니다.

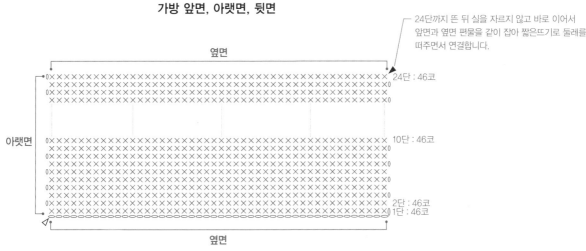

옆면

24단 : 46코

아랫면

10단 : 46코

2단 : 46코
1단 : 46코

옆면

가방 옆면(2개)

3단까지 뜨고, 실을 80cm 남기고 자른 뒤
편물을 가로 방향으로 반으로 접어 3단과 1단을
돗바늘로 감칠질합니다.

실 80cm 남기고 자르기

3단 : 46코
2단 : 46코
1단 : 46코

실 30cm 남기고 시작

가방 손잡이(2개)

돗바늘로 감침질하여 가방
윗부분에 연결합니다.

정사각 토트백_미니 뜨는 방법

사용한 실 스피닝얀 | **사용한 코바늘** 모사용 6호

사이즈 22×19×12cm

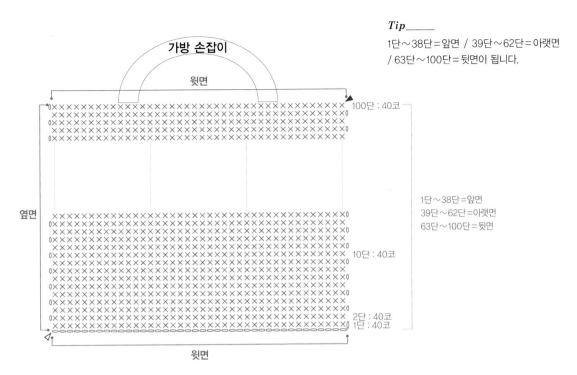

*Tip*_____

1단～38단＝앞면 ／ 39단～62단＝아랫면
／ 63단～100단＝뒷면이 됩니다.

가방 손잡이

윗면

옆면

100단 : 40코

1단～38단＝앞면
39단～62단＝아랫면
63단～100단＝뒷면

10단 : 40코

2단 : 40코
1단 : 40코

윗면

가방 앞면, 아랫면, 뒷면

24단까지 뜬 뒤 실을 자르지 않고 바로 이어서
앞면과 옆면 편물을 같이 잡아 짧은뜨기로 둘레를
떠주면서 연결합니다.

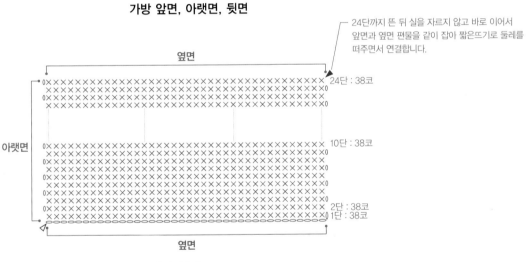

옆면

24단 : 38코

아랫면

10단 : 38코

2단 : 38코
1단 : 38코

옆면

가방 옆면(2개)

3단까지 뜨고, 실을 80cm 남기고 자른 뒤
편물을 가로 방향으로 반으로 접어 3단과 1단을
돗바늘로 감칠질합니다.

실 80cm 남기고 자르기

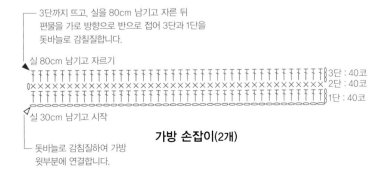

3단 : 40코
2단 : 40코
1단 : 40코

실 30cm 남기고 시작

가방 손잡이(2개)

돗바늘로 감칠질하여 가방
윗부분에 연결합니다.

065

스트라이프 쇼퍼백

shopper bag

스트라이프 쇼퍼백 뜨는 방법

사용한 실 마실 | **사용한 코바늘** 모사용 8호

사이즈 34×25cm(가방 끈 제외)

*Tip*_____

앞면과 뒷면을 먼저 뜨고, 옆면 112단까지 뜬 뒤 실을 자르지 않고 바로 이어 앞면과 겹쳐 잡고 짧은뜨기로 둘레를 떠줍니다. 옆면의 반대쪽 단면은 뒷면과 겹쳐 잡고 짧은뜨기로 둘레를 떠줍니다.

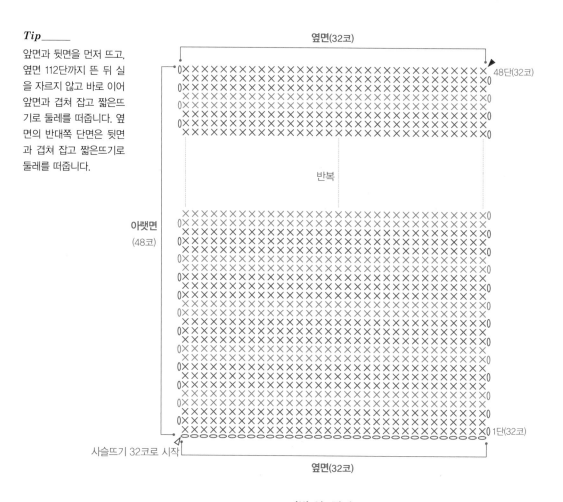

옆면(32코)

48단(32코)

반복

아랫면
(48코)

1단(32코)

사슬뜨기 32코로 시작

옆면(32코)

가방 앞, 뒷면(2개)

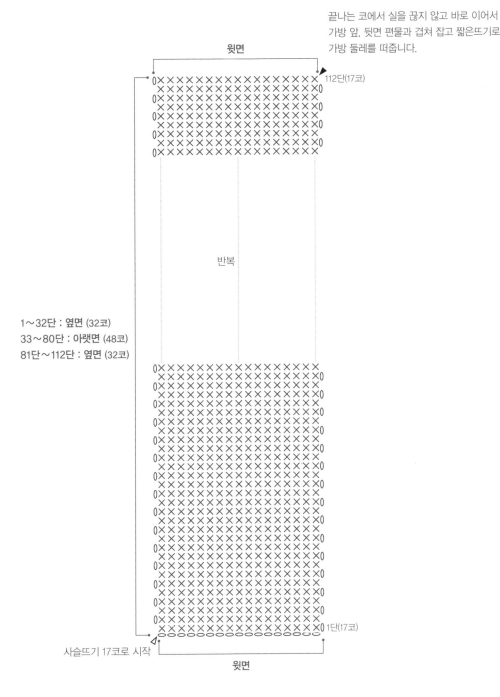

끝나는 코에서 실을 끊지 않고 바로 이어서
가방 앞, 뒷면 편물과 겹쳐 잡고 짧은뜨기로
가방 둘레를 떠줍니다.

윗면

112단(17코)

반복

1~32단 : 옆면 (32코)
33~80단 : 아랫면 (48코)
81단~112단 : 옆면 (32코)

1단(17코)

사슬뜨기 17코로 시작

윗면

가방 옆면

라탄 직사각 토트백

tote bag

라탄 직사각 토트백 뜨는 방법

사용한 실 에코안다리아 | **사용한 코바늘** 모사용 6호

사이즈 33×36cm

*Tip*_____

3단 : 122코 = 바깥쪽 코에 반대 방향으로 이랑뜨기로 빼뜨기한다.

30단 : 29단의 35번째 코에 사슬뜨기 3개(기둥코)를 만들고 한길긴뜨기 40코를 뜬 뒤 실을 자르고,
　　　20코 떨어진 곳(29단의 95번째 코)에 사슬뜨기 3개(기둥코)를 만들고 한길긴뜨기 41코를 뜬 뒤
　　　실을 자릅니다.

32단 : 한길긴뜨기 40코+사슬뜨기 20코+한길긴뜨기 42코+사슬뜨기 20코

33단 : 122코 = 32단에 이어 뜹니다.

36단 : 122코 = 빼뜨기

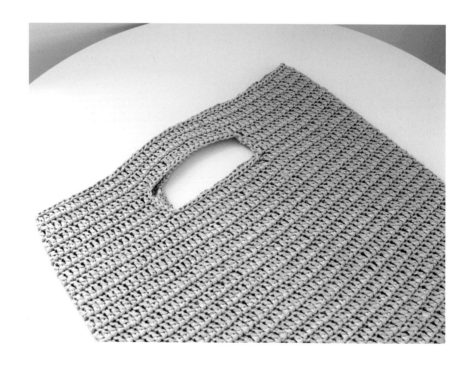

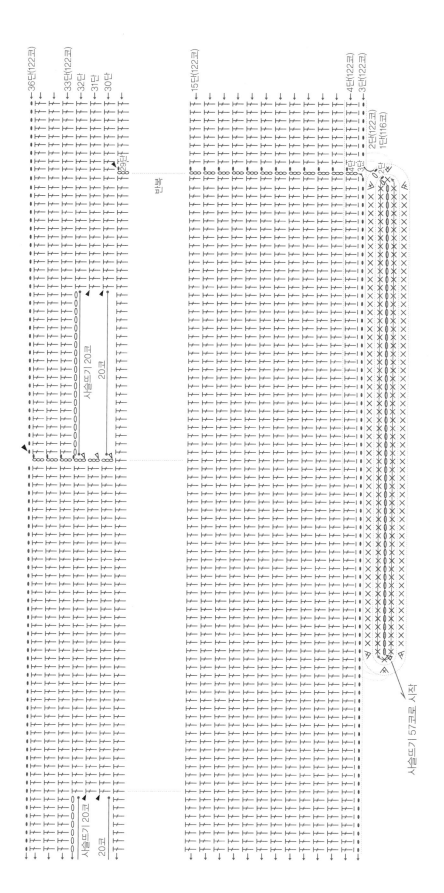

36단(122코)

33단(122코)

32단

31단

30단

29단

15단(122코)

4단(122코)

3단(122코)

2단(122코)

1단(116코)

반복

사슬뜨기 20코

20코

사슬뜨기 20코

20코

사슬뜨기 57코로 시작

코튼 육각 프레임 클러치백

c l u t c h   b a g

코튼 육각 프레임 클러치백 뜨는 방법

사용한 실 도톰 면사 | **사용한 코바늘** 모사용 7호

사이즈 29×18cm

*Tip*____

1단 : 한길긴뜨기＝96코

2단 : (앞걸어뜨기 3코＋뒤걸어뜨기 3코) 반복＝96코

18단 : 짧은뜨기 96코

19단 : 짧은뜨기 96코 (컬러 변경)

20단 : 한길긴뜨기 96코

21단 : 한길긴뜨기 48코 뜬 뒤 바로 22단으로 넘어갑니다.

22단 : 짧은뜨기 48코 뜬 뒤 바로 23단으로 넘어갑니다.

반대편도 같은 방식으로 21단부터 다시 시작합니다.

육각 프레임 연결 방법

1. 프레임의 양쪽 나사를 빼서 해체합니다.

2. 해체된 프레임 한쪽을 21단 안쪽에 대고, 21단과 23단 사이를 접습니다.

3. 23단에 남겨놓은 실로 23단과 20단의 안쪽코를 돗바늘로 연결합니다.

4. 반대쪽 면도 동일하게 만듭니다.

5. 프레임 양쪽 끝에 빼놓았던 나사를 다시 끼워줍니다.

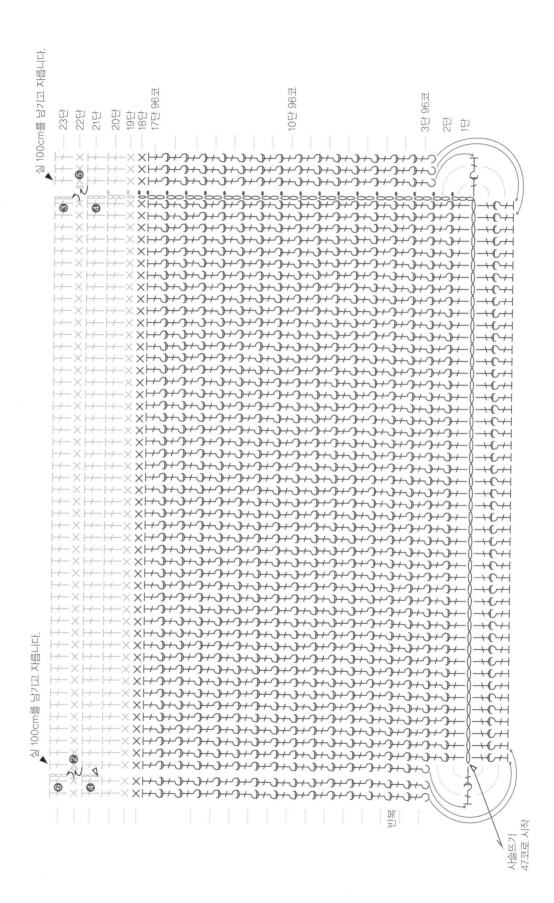

실 100cm를 남기고 자릅니다.

23단
22단
21단
20단
19단
18단
17단 96코

10단 96코

3단 96코
2단
1단

실 100cm를 남기고 자릅니다.

반복

사슬뜨기
47코로 시작

태블릿 PC 파우치

pouch

태블릿 PC 파우치 뜨는 방법

사용한 실 스피닝얀 | **사용한 코바늘** 모사용 6호

사이즈 30×22cm

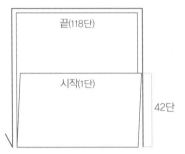

편물의 42단을 접은 후, 접은 끝부분부터 편물 둘레를 따라
네이비 컬러 실로 짧은뜨기를 떠줍니다.
(이때 접힌 42단은 편물 두 겹을 같이 잡고 떠줍니다.)
반대편 끝까지 짧은뜨기가 끝나면, 다시 되돌아오며
빼뜨기를 떠줍니다.

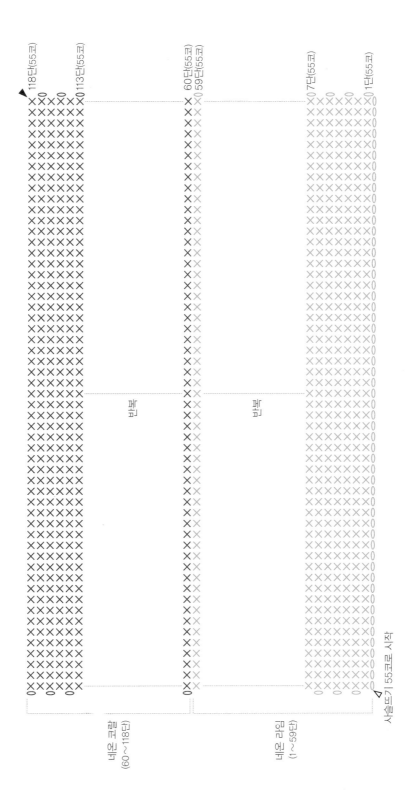

젤리 쇼퍼백

shopper bag

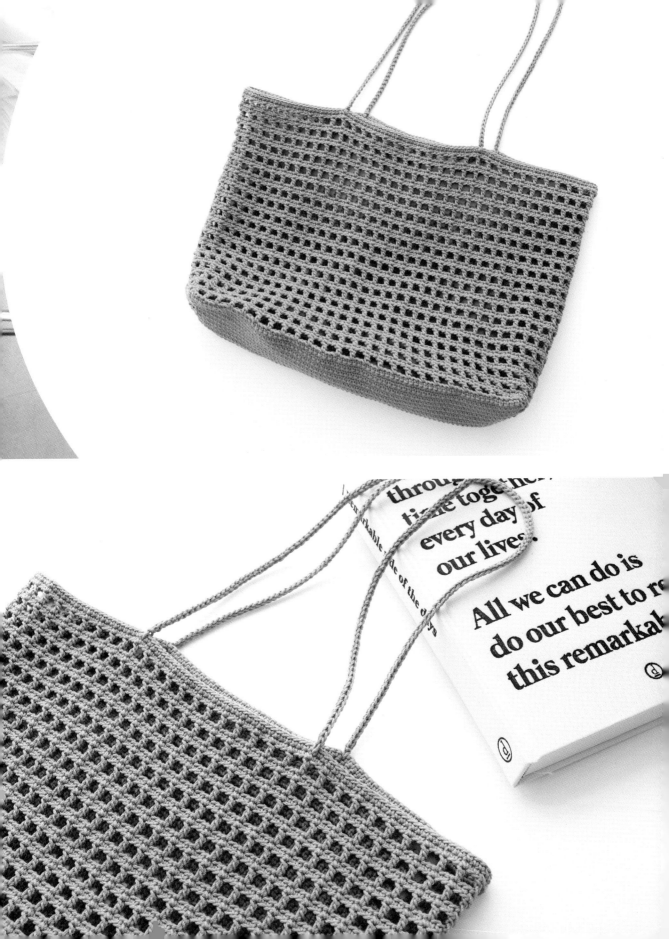

젤리 쇼퍼백 뜨는 방법

사용한 실 네온코튼 | **사용한 코바늘** 모사용 5호

사이즈 35×23×9.5cm

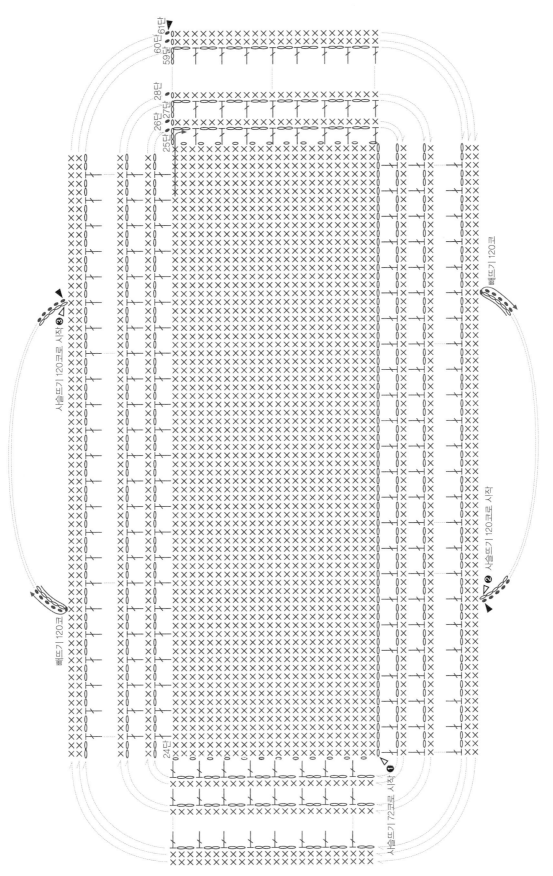

스트라이프 파우치
p o u c h

스트라이프 파우치 뜨는 방법

사용한 실 어반 코튼 | **사용한 코바늘** 모사용 6호
사이즈 18×12cm

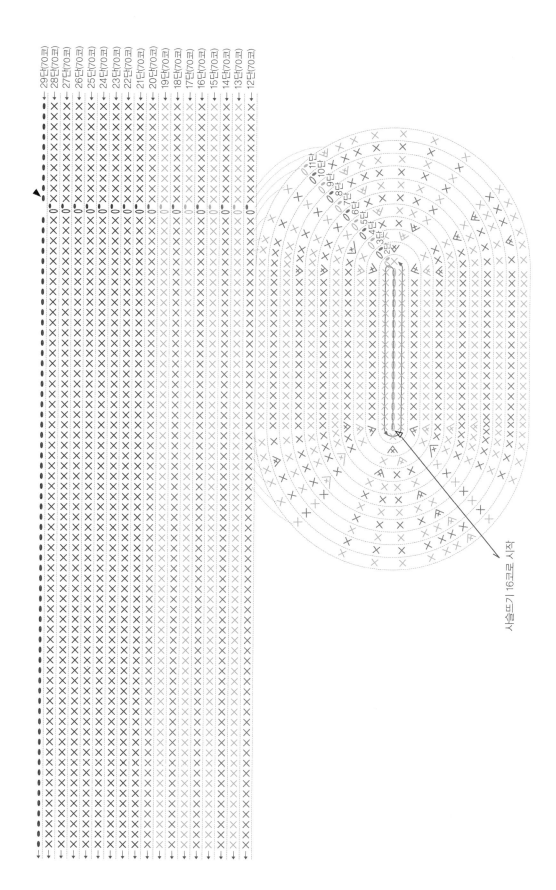

리프 반달백

messenger bag

리프 반달백 뜨는 방법

사용한 실 클리어 코튼 | **사용한 코바늘** 모사용 3호

사이즈 23×25cm(가방 끈 제외)

리프 반달백 앞뒤 연결 방법

1. 가방 스트랩의 옆면과 가방 앞(뒷면)의 코를 함께 잡고 돗바늘로 꿰매어 줍니다.
2. 스트랩을 연결한 뒤 가방을 뒤집어 주면 더 볼륨 있는 형태가 됩니다.

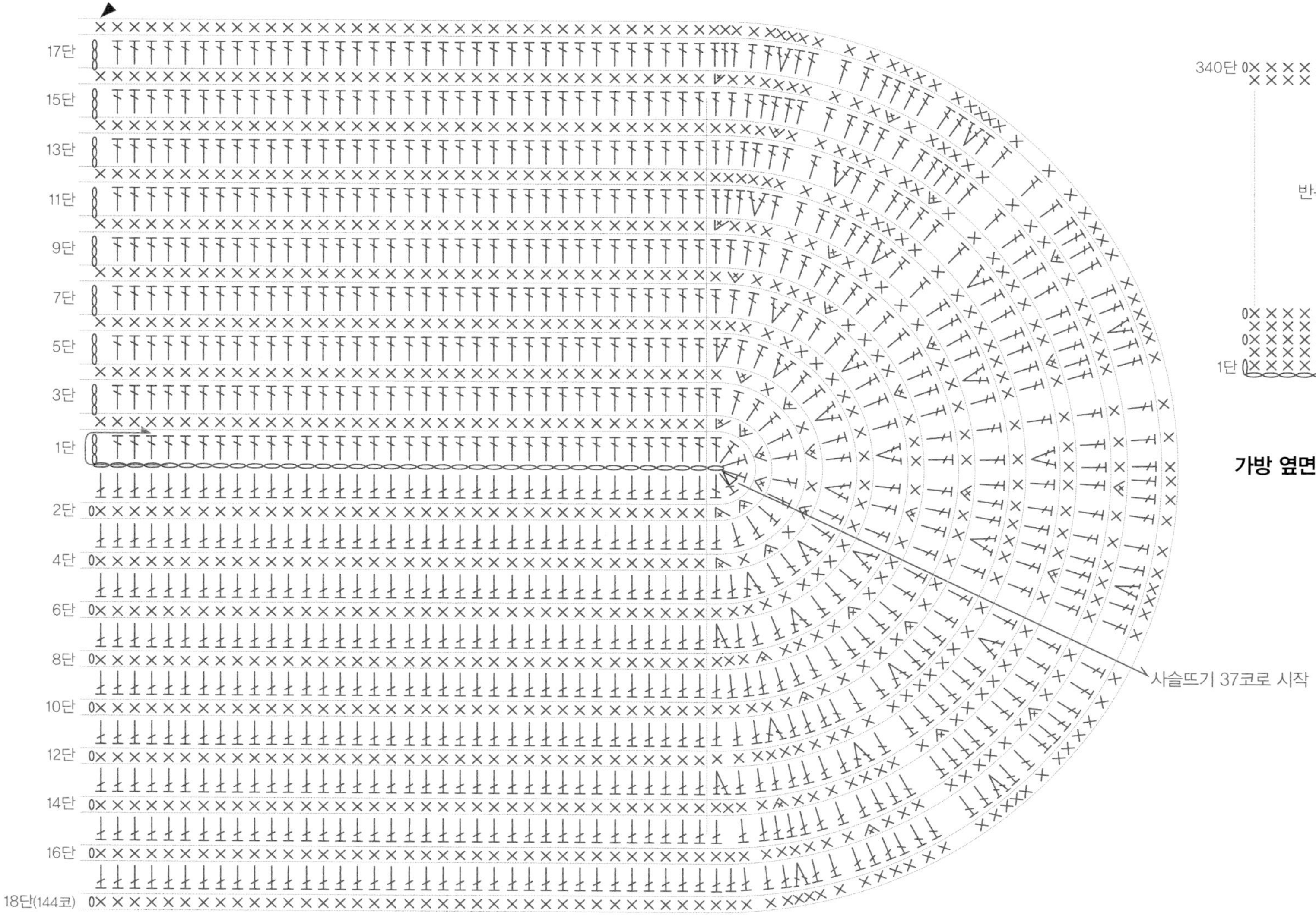

가방 앞, 뒷면(2개)

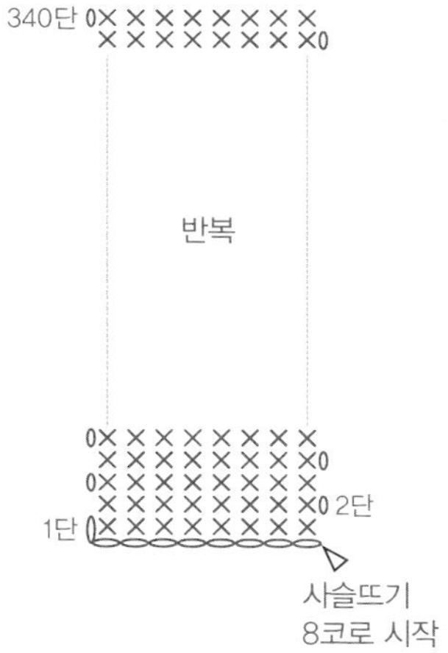

가방 옆면+스트랩

미니 네트 크로스백

messenger bag

미니 네트 크로스백 뜨는 방법

사용한 실 헤레나 | **사용한 코바늘** 모사용 3호

사이즈 20×15cm(가방 끈 제외)

*Tip*____

1단 : 12코

2단 : 24코

3단 : 36코

4단 : 48코

5단 : 60코

6단 : 72코

19단 : 짧은뜨기 72코

20단 : 한길긴뜨기 72코

21단 : (한길긴뜨기 11코＋사슬뜨기 1코)×6번 반복

22단 : 한길긴뜨기 72코

23단 : 사슬뜨기 270코 ┐ 가방끈

24단 : 짧은뜨기 270코 ┘

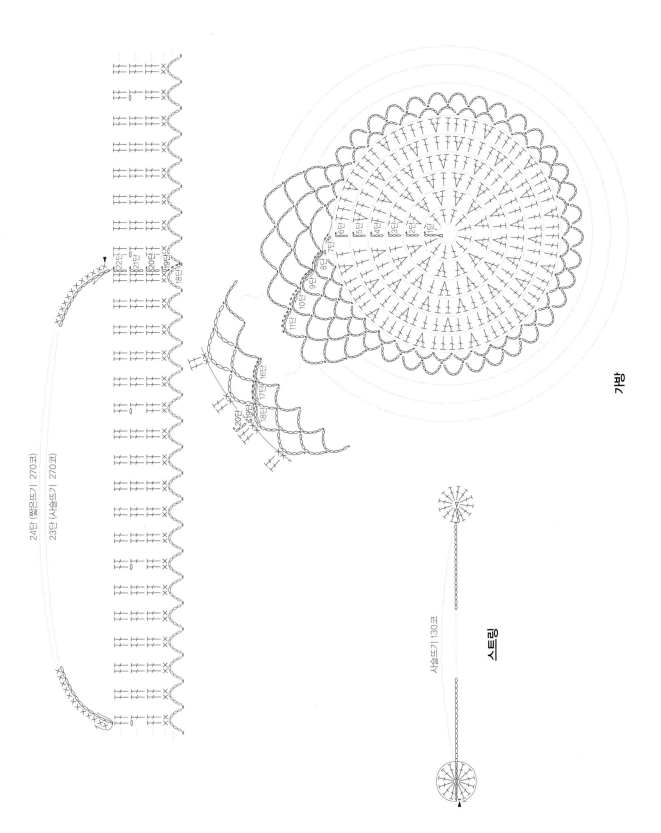

24단 (짧은뜨기) 270코
23단 (사슬뜨기) 270코

18단
19단
20단
21단
22단

가방

11단
10단
9단
8단
7단

18단
19단
20단
17단
16단

사슬뜨기 130코

스트링

네온 포인트 크로스백과 토트백

messenger bag & tote bag

네온 포인트 크로스백과 토트백 뜨는 방법

사용한 실 스피닝얀(가방용), 네온 코튼(포켓, 스트랩용)

사용한 코바늘 모사용 6호(가방용), 모사용 3호(포켓, 스트랩용)

사이즈 27×18cm(가방끈 제외), 스크랩 길이 110cm

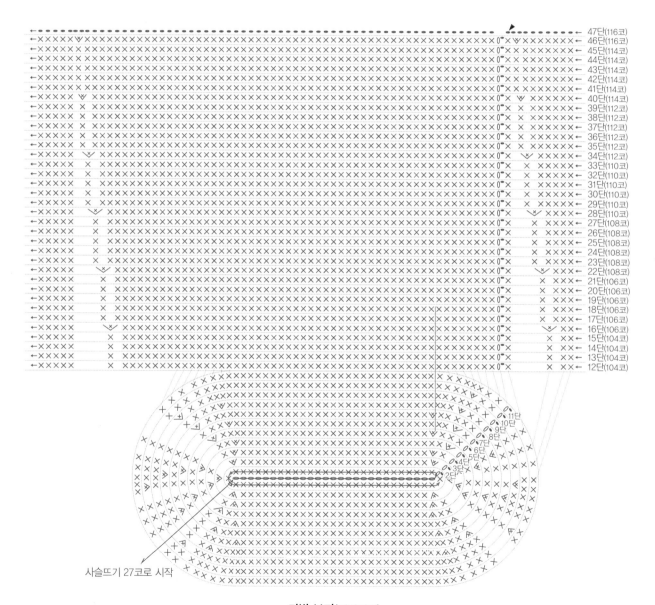

47단(116코)
46단(116코)
45단(114코)
44단(114코)
43단(114코)
42단(114코)
41단(114코)
40단(114코)
39단(112코)
38단(112코)
37단(112코)
36단(112코)
35단(112코)
34단(112코)
33단(110코)
32단(110코)
31단(110코)
30단(110코)
29단(110코)
28단(110코)
27단(108코)
26단(108코)
25단(108코)
24단(108코)
23단(108코)
22단(108코)
21단(106코)
20단(106코)
19단(106코)
18단(106코)
17단(106코)
16단(106코)
15단(104코)
14단(104코)
13단(104코)
12단(104코)

11단
10단
9단
8단
7단
6단
5단
4단
3단
2단
1단

사슬뜨기 27코로 시작

가방 보디(베이지색)

포켓 크로스백

시작, 끝부분 실을 30cm 여유를 남기고 자릅니다.
남긴 실은 오링에 감아 꿰맬 때 사용합니다.

0×××□ 252단(3코)
0×××□
0×××□
0×××□
0×××□
×××0

반복

0×××□
0×××□
0×××□
0×××□
0×××□
0×××□
0×××□
×××0 1단(3코)

사슬뜨기 3코로 시작

크로스 스트랩

끝부분 실을 50cm 여유를 남기고 자릅니다.
남긴 실은 돗바늘에 꿰어 포켓을 감침질로
가방 보디에 부착합니다.

0×××××××××××××××□ 21단(15코)

0×××××××××××××××□ 1단(15코)

사슬뜨기 15코로 시작

포켓

토트백

시작, 끝부분 실을 50cm 여유를 남기고 자릅니다.
남긴 실은 돗바늘로 가방에 스트랩을 달 때 사용합니다.

0××××□ 80단(4코)
0××××□
××××0

반복

0××××□
0××××□
0××××□
0××××□
0××××□
0××××□
××××0 1단(4코)

사슬뜨기 4코로 시작

토트백 스트랩(2개)

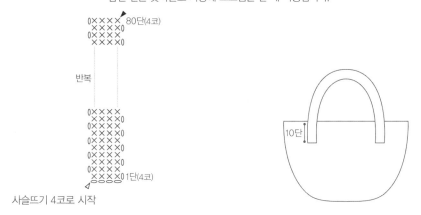

10단

머스터드 네트백

n e t b a g

머스터드 네트백 뜨는 방법

사용한 실 리본얀 | **사용한 코바늘** 모사용 8호

사이즈 32×23cm(가방 끈 제외)

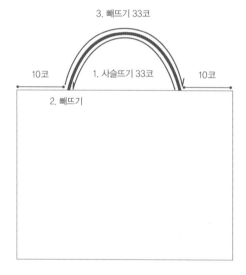

1. 가방 오른쪽 끝에서 10코 떨어진 코에서 사슬뜨기
   33코를 뜬 뒤
2. 왼쪽 끝에서 10코 떨어진 코에 빼뜨기한다.
3. 사슬뜨기한 코를 되돌아오며 빼뜨기 30코를 하고
4. 오른쪽 시작한 코에서 마무리한다.

가방끈

18단(80코) (빼뜨기)
17단(80코)
16단(80코)
15단(80코)

18단
017단
016단
015단

014단

013단

012단

011단

010단

09단

08단

07단

06단

0°

0°

0°

5단(80코)
4단(80코)
3단(80코)

2단(80코)
1단(80코)

2단옆

사슬뜨기 36코로 시작

사슬뜨기 36코로 시작

뜨개 방향

7번

카키 네트백

n e t b a g

카키 네트백 뜨는 방법

사용한 실 리본얀 | **사용한 코바늘** 모사용 8호

사이즈 32×35cm(가방 끈 제외)

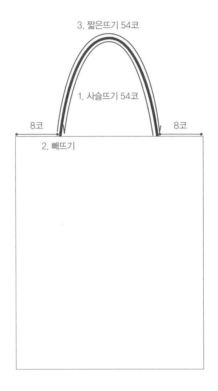

1. 가방 오른쪽 끝에서 8코 떨어진 코에서 사슬뜨기
   54코를 뜬 뒤
2. 왼쪽 끝에서 8코 떨어진 코에 빼뜨기한다.
3. 사슬뜨기한 코를 되돌아오며 짧은뜨기 54코를 하고
4. 오른쪽 시작한 코에서 마무리한다.

가방끈

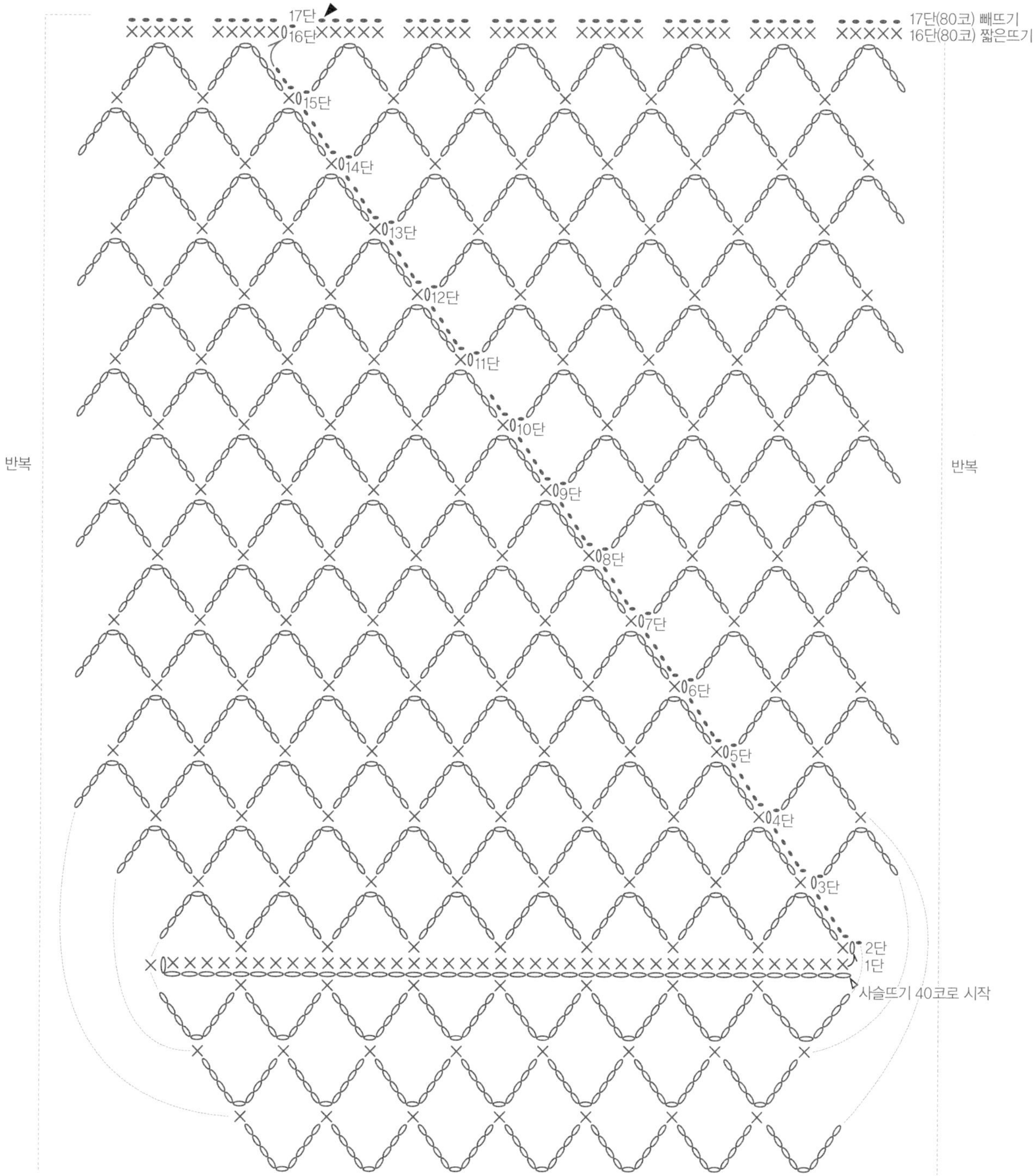

17단(80코) 빼뜨기
16단(80코) 짧은뜨기

17단

16단

15단

14단

13단

12단

11단

10단

9단

8단

7단

6단

5단

4단

3단

2단

1단

사슬뜨기 40코로 시작

반복

반복

가방

오뜨리꼬의
데일리 손뜨개 가방

초판 1쇄 발행 2021년 9월 10일

지은이 오태윤
펴낸이 이지은 **펴낸곳** 팜파스
기획 · 진행 이진아 **편집** 정은아
디자인 조성미
마케팅 김민경, 김서희
인쇄 케이피알커뮤니케이션

출판등록 2002년 12월 30일 제10-2536호
주소 서울시 마포구 어울마당로5길 18 팜파스빌딩 2층
대표전화 02-335-3681 **팩스** 02-335-3743
홈페이지 www.pampasbook.com | blog.naver.com/pampasbook
인스타그램 www.instagram.com/pampasbook
이메일 pampas@pampasbook.com

값 16,800원
ISBN 979-11-7026-422-4 (13590)